Joël Mbusa Mapoli

Exploração de pangolins ao redor do Parque Nacional Kahuzi-Biega

Joël Mbusa Mapoli

Exploração de pangolins ao redor do Parque Nacional Kahuzi-Biega

República Democrática do Congo

ScienciaScripts

Cover image: www.ingimage.com

This book is a translation from the original published under ISBN 978-620-3-43850-5.

Publisher:
Sciencia Scripts
is a trademark of
Dodo Books Indian Ocean Ltd. and OmniScriptum S.R.L Publishing group
Str. Armeneasca 28/1, office 1, Chisinau MD-2012, Republic of Moldova, Europe
Printed at: see last page
ISBN: 978-620-5-37214-2

Exploração preliminar de pangolins no Parque Nacional Kahuzi-Biega, na República Democrática do Congo

Mbusa Mapoli Joël[1,2] , Kambale Nyumu Jonas[1,2,3] , Luc Lango[2] , Juakaly Mbumba[4] , Mukinzi Itiko Jean-claude[4] , Francis Tarla[5]

1. *Departamento de Zooecologia, Universidade de Conservação e Desenvolvimento da Natureza de Kasugho, República Democrática do Congo (RDC).*
2. *Centro de Investigação para o Planeamento Ambiental (RCEP-Goma/DRC).*
3. *Estudante de doutoramento na Universidade de Kisangani (RDC).*
4. *Professores na Universidade de Kisangani (RDC).*
5. *Central Africa BushMeat Action Group (CABAG) e US Fish Wildlife, Republic of Cameroon.*

Contacto: jmapoli5@gmail.com

Índice

Dedicação especial

A todos aqueles que fazem campanha pela protecção da natureza,

O Pangolim Primeiro.

Agradecimentos

O reconhecimento é um sinal de maturidade, dizem eles.

O resultado deste trabalho é o resultado de uma grande colaboração com um grande número de pessoas singulares e colectivas.

Os nossos retumbantes agradecimentos vão para a ONG US-FISH & Wildlife Service por concordar em financiar este programa de investigação, cujo resultado é a apresentação do presente documento. Na mesma linha, agradecemos ao Professor Francis Tarla, Jonas Kambale Nyumu e a toda a equipa MENTOR-POP por terem concordado em coordenar este projecto de capacitação de professores na UCNDK.

Não podemos esquecer a equipa de investigadores da RCEP-Goma por ter contribuído eficazmente para a concepção de um projecto que poderia levar ao empoderamento de jovens conversadores que poderiam contribuir eficazmente para a protecção de espécies ameaçadas. Que a PCA, Marie-Paul Bambaga, e o Director, Luc Lango, tenham a nossa gratidão.

Seria ingrato não mencionar a contribuição dos funcionários da UNIKIS que proporcionaram esta capacitação, especialmente a Faculdade de Ciências, através do Departamento da EGRA, para a louvável formação que recebemos ao longo dos últimos dois anos.

Gostaria de aproveitar esta oportunidade para agradecer o apoio da ICCN-PNKB pela orientação prática e necessária na realização deste trabalho, especialmente ao Dr. Kizito Kakule, Oficial de Monitorização, para todas as instalações administrativas, bem como à equipa PNKB-Itebero, pelo seu empenho para connosco.

Finalmente, os sinceros agradecimentos são estendidos a todos aqueles que concordaram em responder a perguntas durante as investigações preliminares sobre a exploração de pangolins em torno do KBNP.

INTRODUÇÃO

Preservar a biodiversidade nas florestas equatoriais é agora uma preocupação prioritária para o futuro do planeta Terra. As densas florestas tropicais do mundo representam ecossistemas com a maior diversidade biológica e complexidade ecológica à superfície da terra. Entre estas encontram-se as florestas da África Central. Várias áreas de conservação da natureza, incluindo a sua fauna, estão a ser estudadas em vários países africanos.

A vida selvagem é abundante em África, particularmente na República Democrática do Congo. As áreas protegidas e os maciços florestais constituem habitats notáveis para a vida selvagem. Nas regiões florestais onde é a principal fonte de proteína animal, existem poucas alternativas pecuárias para o fornecimento de proteína animal. Por esta razão, a carne de animais selvagens é uma importante fonte de proteínas na dieta da população da Bacia do Congo.

De facto, as populações da Bacia do Congo sempre praticaram a habitual caça de auto-subsistência. Esta tem sido sempre uma parte importante da organização económica e cultural destas sociedades florestais. Actualmente, tornou-se uma actividade geradora de rendimentos, tanto em zonas rurais como urbanas.

Apesar da criação de áreas protegidas cujo papel é garantir a sustentabilidade da vida selvagem através da implementação de legislação que rege a exploração da vida selvagem e do seu habitat, observa-se uma sobreexploração da fauna mamífera como resultado da caça comercial. Isto ameaça a sobrevivência de certas espécies de caça em certas áreas.

Durante décadas, os pangolins têm sido comercializados internacionalmente principalmente para a utilização das suas peles no fabrico de couro, enquanto as suas escamas e carne são exploradas regionalmente para a medicina tradicional e consumo alimentar na Ásia e África.

Em 2013, a UICN actualizou a avaliação para as oito espécies de pangolins a nível mundial e declarou duas espécies chinesas Criticamente Ameaçadas *(Manis pentadactyla* e *Manis javanica),* duas outras Ameaçadas *(Manis culionensis* e *Manis crassicaudata).* Quatro espécies de África foram declaradas vulneráveis e o comércio internacional das mesmas foi recentemente proibido.

É num contexto de exploração insustentável dos recursos da vida selvagem em geral e dos protegidos em particular que decidimos realizar um estudo sobre a sua exploração. Exclusivamente presentes em África e na Ásia, os pangolins estão entre os mamíferos mais vendidos ilegalmente no mundo.

Capítulo 1: VISÃO GERAL GERAL DAS PANGOLINHAS

1.1. Apresentação e biologia dos pangolins

Embora a sua aparência externa seja reptiliana, os pangolins (Pholidota: Manidae) são mamíferos. São os únicos mamíferos do mundo cobertos de escamas. As suas escalas são entrecruzadas e feitas de queratina. Representam cerca de 20% do peso corporal do animal, ou seja 2 quilos por um pangolim de 10 quilos. Estes animais têm patas com garras pequenas. Evoluíram há cerca de 80 milhões de anos e os pangolins modernos podem ter tido origem na Europa antes de se propagarem à África subsaariana e depois à Ásia. Todas as espécies de pangolins são solitárias e pensa-se que se encontram apenas para procriar. A criação não está bem documentada mas parece ser não sazonal e contínua. Os pangolins africanos provavelmente reproduzem-se uma vez por ano e dão à luz uma cria. O período de gestação varia de 130-150 dias para as espécies africanas e o desmame ocorre após cerca de 1 ano.

Os pangolins têm órgãos olfactivos altamente desenvolvidos, e a marcação de odores parece desempenhar um papel importante na alimentação, comportamento sexual e territorial; ou a comunicação entre indivíduos é mal compreendida, embora os sentidos do olfacto, gosto e audição estejam mais desenvolvidos do que a visão.

A longevidade das espécies de pangolins na natureza é menos documentada. No entanto, alguns autores, com base nos dados disponíveis sobre a taxa de crescimento, estimam que os pangolins têm uma duração de vida relativamente longa de cerca de 20 anos ou mais. De acordo com os registos zoológicos, em casos extremamente raros, os pangolins têm sobrevivido até 27 anos em cativeiro. No entanto, na maioria das vezes, uma vez nascidos em cativeiro ou mantidos em cativeiro após terem sido retirados da natureza, os pangolins não sobrevivem mais de 2 ou 3 anos. Pensa-se que isto se deve à sua dieta específica.

1.2. Elementos da ecologia do pangolim

Os pangolins habitam muitos tipos de habitats, incluindo florestas tropicais, florestas subtropicais, florestas de bambu e coníferas, matas ciliares e pantanosas, e savanas herbáceas e arbustivas. Também se encontram em

paisagens artificiais, tais como jardins e plantações. A sua distribuição está ligada à disponibilidade de presas.
Predadores de formigas e térmitas, os pangolins são mirmecófagos e prestam grandes serviços ao ecossistema, regulando as populações de insectos sociais. São essencialmente arborícolas ou enterradas e nocturnas. São também solitários, excepto durante a época de reprodução ou na criação de crias. As fêmeas de todas as espécies dão à luz uma única cria após um período de gestação de cerca de seis meses. Todas as espécies de pangolins têm uma morfologia semelhante, mas diferem em tamanho, peso, disposição e detalhe das escamas, comprimento da cauda, presença ou ausência de almofadas de cauda e algumas diferenças na estrutura óssea.

1.3. Elementos de sistematização

Os pangolins estão entre os mamíferos vivos cuja aparência nos parece particularmente estranha. São semelhantes às preguiças, tatus, tamanduás e até aos Orycteropus, com os quais estiveram unidos uma vez e durante muito tempo na ordem Edentates. Mas, embora se assemelhem a estas outras espécies, os pangolins diferem suficientemente deles. Por esta razão, há algumas décadas, os especialistas reviram a sua classificação. Foram reunidos numa nova ordem, os Pholidota, na família Manidae. Há um total de oito espécies de pangolins no mundo. O estudo de Gaudin *et al* (2009) divide as oito espécies em três géneros: *Phataginus* para as espécies arbóreas africanas (o pangolim de cauda longa, de barriga preta e o pangolim de barriga branca de pequena escala), *Smutsia* para as espécies terrestres africanas (o pangolim gigante e o pangolim de Temminck ou pangolim do Cabo), e *Manis* para as espécies asiáticas. Além disso, a taxonomia utilizada pela CITES (Wilson & Reeder, 2005) considera que as oito espécies pertencem ao género *Manis*. Este último é utilizado neste documento.

Quadro 1: Lista de espécies de pangolins

N°	Espécie	Nome comum (em francês)
1.	*Manis (Phataginus) tricuspis*	Pangolim de pequena escala ou pangolim tricúspide ou pangolim de barriga branca ou pangolim comum

2.	*Manis (Phataginus) tetradactyla*	Pangolim de cauda longa ou pangolim de barriga preta
3.	*Manis (Smutsia) gigantea*	Pangolim gigante africano
4.	*Manis (Smutsia) temminckii*	Pangolim de Temminck, pangolim do Cabo, pangolim terrestre.
5.	*Manis pentadactyla*	Pangolim Chinês
6.	*Manis javanica*	Sunda Pangolin
7.	*Manis crassicaudata*	Pangolim indiano
8.	*Manis culionensis*	Pangolim filipino

1.4. Distribuição das espécies de pangolins no mundo

Todos os pangolins do mundo vivem em dois continentes do mundo, nomeadamente na Ásia e em África.

1.4.1. Pangolins asiáticos

Os pangolins estão amplamente distribuídos na região do sudeste asiático. Ocorrem no norte e leste do Paquistão, em todo o subcontinente indiano incluindo o Sri Lanka, no sopé dos Himalaias incluindo o Butão, Nepal e Bangladesh, e no sul da China incluindo a província de Taiwan da China e a RAE de Hong Kong, bem como em todo o continente e ilhas do sudeste asiático e na área de vida selvagem de Palawan, nas Filipinas (Figura 1).

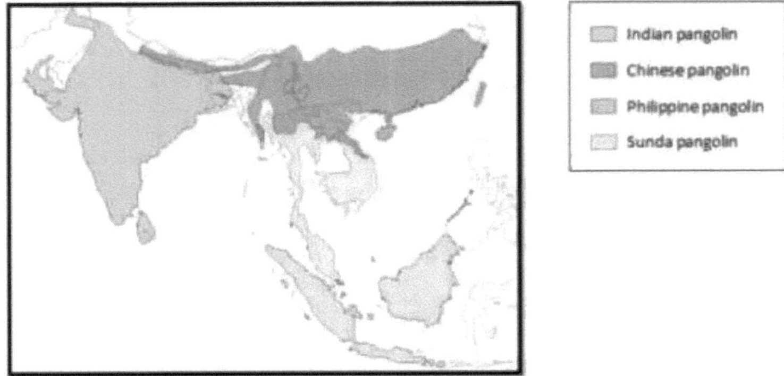

Fig(1): Distribuição de pangolins na Ásia

1.4.1.1. Distribuição de cada espécie na Ásia

a) *Manis javanica* (Pangolim malaio)

Manis javanica é nativa de Brunei Darussalam, Camboja, China, Indonésia, Lao PDR, Malásia, Myanmar, Singapura, Tailândia e Vietname (**Figura 2**). Foi avaliado como Criticamente Ameaçado (CR) na Lista Vermelha de Espécies Ameaçadas em 2014 devido à suposta diminuição da população passada, presente e futura com base numa suposta redução <80% nos números nos últimos 21 anos (tempo de geração estimado de sete anos) e uma redução esperada >80% nos números nos próximos 21 anos. Estes números foram estimados a partir de níveis elevados de pressão de caça e caça furtiva para consumo interno e tráfico internacional, principalmente para o Leste e Sudeste Asiático para consumo de carne e utilização de balanças na medicina tradicional, e a partir da informação disponível sobre reduções de população em todos os estados da região. A *M. javanica* é considerada extremamente rara na parte norte da sua área de distribuição, e a caça furtiva está agora a afectar a parte sul da área de distribuição da espécie. Outras ameaças identificadas são a mortalidade rodoviária e os sistemas de gestão da água (construção de barragens).

Fig (2). Alcance da *M. javanica*. Fonte: Cota-Larson (2017).

b) *Manis crassicaudata* (Pangolim indiano)

Manis crassicaudata é nativo da Índia, Nepal e Sri Lanka (Figura 3). A espécie encontra-se também nas margens da província de Yunan, China, e a sua presença no Bangladesh é possível mas não confirmada. É traficada internacionalmente, em parte devido à mudança de pressões para esta espécie na sequência do declínio das populações das outras espécies asiáticas, nomeadamente *M. pentadactyla* e *M. javanica*. Assume-se que as populações de *M. crassicaudata* diminuirão pelo menos 50% nos próximos 21 anos (tempo de geração estimado de sete anos). Outras ameaças identificadas são as mudanças nas práticas agrícolas e a expansão da agricultura.

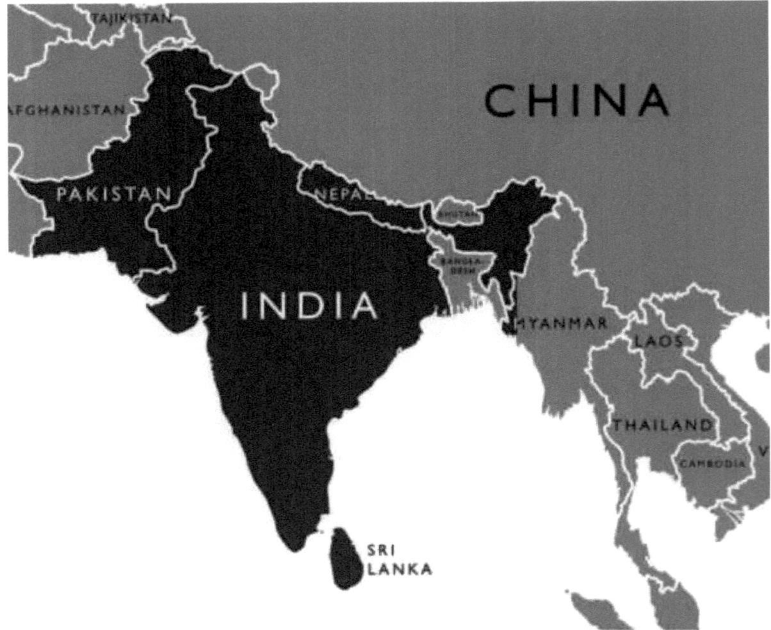

Fig (3). Gama de *M. crassicaudata.* Fonte: Cota-Larson (2017)

c) *Manis culionensis* (Pangolim filipino)

Manis culionensis é uma espécie endémica filipina encontrada em Palawan e em seis outras ilhas vizinhas muito mais pequenas: Busuanga, Balabac, Coron, Culion e Dumaran; foi introduzida na Ilha Apulit (Figura 4). Em 2014, foi avaliado globalmente como Ameaçado (En) na Lista Vermelha de Espécies Ameaçadas da UICN devido a uma suposta redução dos números ao longo de um período de 21 anos (três gerações, a duração de uma geração é de sete anos). Faltam dados quantitativos sobre o estatuto de *M. culionensis.* Contudo, a espécie foi anteriormente descrita como pouco frequente, mas também como relativamente frequente pelos informadores locais e está sujeita a uma forte pressão de caça. Pensa-se que é mais abundante no norte e no centro de Palawan, muito mais raro no sul. As densidades foram estimadas bastante recentemente (2012) em 0,05 indivíduos por km^2 em áreas de floresta mista/bush. Também se pensa que é abundante na ilha de Dumaran (435km^2). Contudo, nos últimos anos, os caçadores locais indicaram que as populações estão a diminuir devido à pressão da caça e um inquérito em 2012 mostrou que é necessário um esforço cada vez maior para capturar pangolins, provavelmente devido à redução dos números.

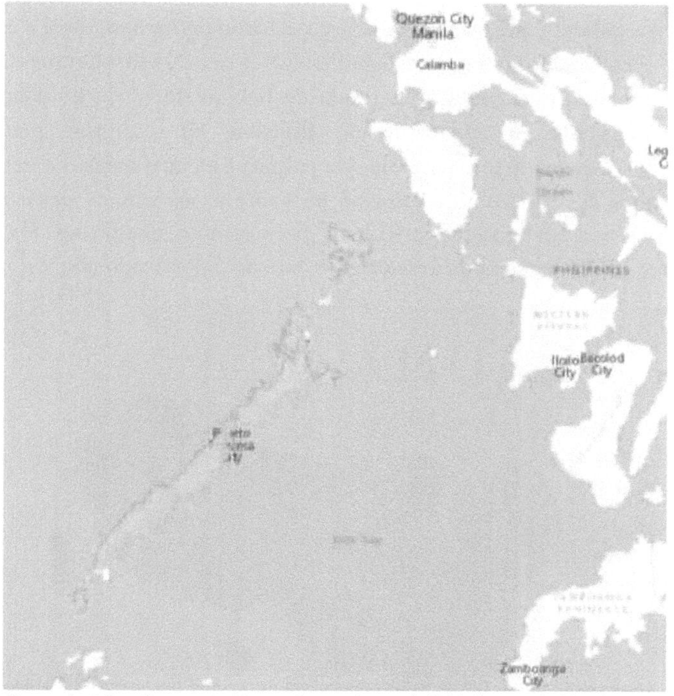

Fig (4). Gama de *M. culionensis*. Fonte: Lagrada *et al.* (2014) em Challender e Waterman (2017).

d) *Manis pentadactyla* (Pangolim Chinês)

Manis pentadactyla é originário do Bangladesh, Butão, China, Hong Kong SAR, Índia, Lao PDR, Mianmar, Nepal, Taiwan (província da China), Tailândia e Vietname (Figura 5). O estado de conservação da espécie foi avaliado a nível global, e em alguns casos a nível nacional. Em 2014, *M. pentadactyla foi* avaliado globalmente como Criticamente Ameaçado de Extinção (CR) na Lista Vermelha de Espécies Ameaçadas da UICN devido ao declínio populacional observado, em curso ou futuro, durante um período de três gerações (21 anos, com uma duração de geração estimada em sete anos). Prevê-se um declínio de <90% ao longo das próximas três gerações (21 anos). Estas avaliações baseiam-se em níveis elevados de caça e caça furtiva, para carne e escamas, tanto historicamente como no período actual, e dezenas de milhares de animais foram traficados na última década, com dados que indicam que a caça furtiva se deslocou agora para o sul e oeste da área de distribuição da espécie (Challender *et al.,* 2014a). Outras ameaças globais incluem a degradação e perda de habitat devido a mudanças nas práticas agrícolas e conversão de florestas em culturas, plantações industriais (especialmente para óleo de palma) e electrificação de vedações. No entanto, deve ser obtida informação sobre a capacidade desta espécie para sobreviver em paisagens artificiais, por exemplo, plantações. O estatuto das espécies nos estados da área de distribuição é detalhado abaixo.

Fig (5). Gama de *M. pentadactyla.* Fonte: Cota-Larson (2017)

1.4.2. Pangolins africanos

Os primeiros fósseis de pangolins em África datam de há mais de 30 milhões de anos.

Os pangolins são encontrados em grande parte da África Subsaariana (Figura 6). Três espécies *(Manis tetradactyla, M. tricuspis* e *M. gigantea)* ocorrem na África Ocidental e Central, enquanto que a quarta espécie (*M. temminckii)* ocorre em grande parte da África Oriental e Austral, bem como em partes da África Central. As quatro espécies ocorrem em pelo menos 31 países: Angola (Angola, Cabinda), Benin, Botswana, Camarões, República Centro-Africana, Chade, Congo, Costa do Marfim, República Democrática do Congo, Guiné Equatorial, Etiópia, Gabão, Gana, Guiné, Guiné-Bissau, Quénia, Libéria, Malawi, Moçambique, Namíbia, Nigéria, Ruanda, Senegal, Serra Leoa, África do Sul, Sudão do Sul, Togo, Uganda, República Unida da Tanzânia, Zâmbia e Zimbabué. Os pangolins africanos também podem ser encontrados no Burkina Faso, Burundi e Níger.

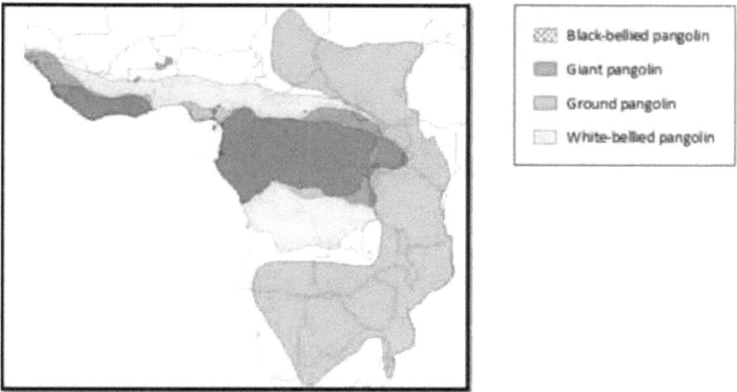

Fig.(6): Distribuição de pangolins em África

Os dados sobre os pangolins africanos são menos numerosos do que sobre os pangolins asiáticos, pelo que os dados abaixo são apresentados por espécie e não por país.

a) Manis (Phataginus/Uromanis) tetradactyla (Pangolim de cauda longa)

M. tetradactyla (Linnaeus,1766) ocorre nas florestas da África Ocidental e Central, da Serra Leoa à Nigéria, passando pelo sudeste da Guiné, Libéria, Costa do Marfim e Gana, com uma quebra na continuidade para o oeste da

Nigéria (Figura 7). A sua presença na Nigéria é provavelmente subestimada devido a uma possível confusão com o *M. tricuspis*. A espécie também ocorre a leste desta área, no sul dos Camarões, grande parte da floresta da Bacia do Congo, até ao Vale de Semliki, e apenas no Uganda, onde ocorre apenas no Parque Nacional de Semuliki. Pode estar presente em Cabinda (Angola). Esta espécie é mais diurna do que nocturna e muitas vezes esconde-se em cima de palmeiras e outras árvores em plantações.

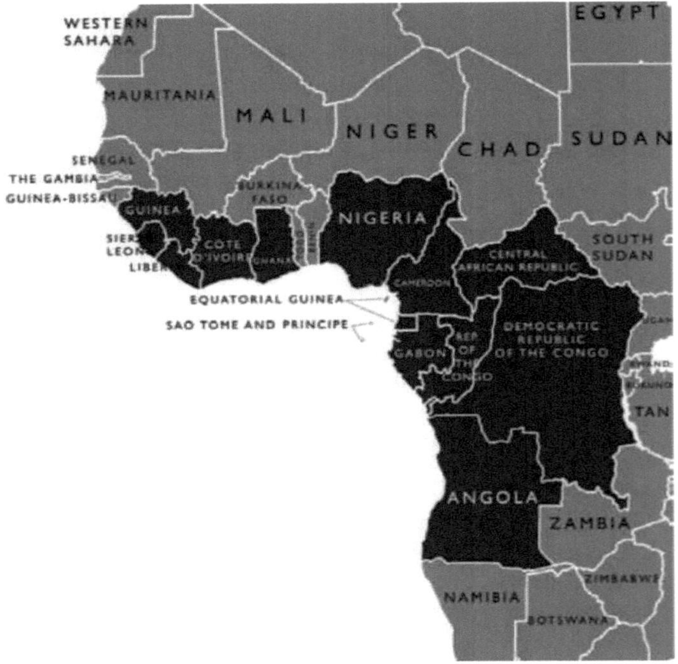

Fig.(7). Gama de *M. tetradactyla*. Fonte: Cota-Larson (2017).

b) Manis (Smutsia) gigantea

A gama de *Manis gigantea* (Illiger, 1815) é descontínua na África Ocidental e Central. A espécie ocorre no Senegal (mas não é conhecido que ocorra na Gâmbia), Guiné, Serra Leoa, Libéria, Costa do Marfim e Gana. A sua presença no Benim, Burkina Faso, Níger e Togo é incerta (Figura 8). A presença desta espécie na Nigéria é incerta, mas registos recentes do sudeste do país confirmaram a sua presença no Parque Nacional de Gashaka-Gumti

(S. Nixon, dados não publicados). A espécie foi reportada da Ilha Bioko mas os espécimes são provavelmente provenientes de carcaças importadas do continente (Hoffmann *et al,* 2015).

Fig (8). Gama de *M. gigantea.* Fonte: Cota-Larson (2017).

c) Manis (Phataginus) Tricuspis (Pangolim de Pequena Escala Branca)

M. tricuspis (Rafinesque1821) ocorre na Guiné-Bissau na África Ocidental, Guiné e Serra Leoa e grande parte da África Ocidental, tão a sul como a África Central e sudoeste do Quénia, e tão a noroeste como a República Unida da Tanzânia (a oeste do Lago Tanganica); no sul, a espécie atinge o noroeste da Zâmbia e o norte de Angola. Está também presente em Bioko (Figura 9).

Não foram confirmados avistamentos para o Senegal ou a Gâmbia. A espécie ocorre no Uganda e na República Unida da Tanzânia, ao longo da fronteira com o Uganda. Foi avaliado em 2014 como Globalmente Vulnerável (Vu) na Lista Vermelha de Espécies Ameaçadas da UICN devido a uma redução estimada em números de pelo menos 40% num período de 21 anos (sete anos no passado e 14 anos no futuro; tempo de geração estimado de sete anos).

Fig (9). Gama de *M. tricuspis*. Fonte: Cota-Larson (2017).

d) Manis (Smutsia) temminckii (Temminck's Pangolin)

M. temminckii (Smuts, 1832) é a espécie de pangolim africano mais amplamente distribuída, tendo sido registada desde o sul do Chade oriental até ao Sudão, Sudão meridional e grande parte da África Oriental e Austral até à África do Sul (**Figura 10**). Na África Austral, a espécie está amplamente distribuída, embora agora esteja principalmente confinada a áreas protegidas e ranchos de gado e vida selvagem bem geridos (Pietersen *et al.,* 2016). Os limites norte da sua área de distribuição não estão bem definidos, mas a espécie foi registada no extremo nordeste da República Centro-Africana, sudeste do Chade, sul do Sudão e sudoeste da Etiópia (Swart, 2013).

Fig (10). Gama de *M. temminckii.* Fonte: Cota-Larson (2017).

1.4.3 Na República Democrática do Congo

Na RDC, existem 3 espécies de pangolins, nomeadamente *M. gigantea, M. tetradactyla e M. tricuspis.* Estas espécies são geralmente espécies florestais e de savana. Os indivíduos de todas estas espécies têm garras nas suas patas dianteiras, são robustos e adaptados para cavar e abrir ninhos de térmitas e formigas.

M. gigantea parece ser menos comum em todo o lado. É terrestre, mas menos visível na armadilha de câmaras em áreas onde são efectuados regularmente levantamentos, como no Parque Nacional Lomami (Província de Maniema, RDC). *M. tricuspis* é frequente e mais abundante mas pouco visível devido aos seus hábitos arbóreos e nocturnos. *M. tetradactyla* é pouco conhecido e pensa-se que esteja associado a zonas húmidas.

Estas espécies também são conhecidas no mercado da carne de animais selvagens, mas não frequentemente.

1.5. Vulnerabilidades e ameaças

Todas as espécies de pangolins estão naturalmente ameaçadas pela sua baixa produtividade (uma cria por ano durante uma geração que dura entre 7 e 9 anos e desmame aos 4 meses) e por um sistema de defesa irrisório. De facto, quando confrontado com uma ameaça, o pangolim enrola-se como um pneu (**Figura 11**). Isto torna fácil a recolha sem qualquer esforço.

Fig (11): Pangolins enrolados para se defenderem (Fonte: Challender & Waterman, 2017)

São portanto fáceis de caçar, especialmente as espécies terrestres, mas difíceis de contar. Além disso, os pangolins têm muitos predadores, incluindo humanos, felinos (**figura 12**) (tigre, leão, leopardo, chacal, etc.), pitões, chimpanzés, grandes corujas, etc.

Fig.(12): Um tigre tendo apanhado um pangolim enrolado (fonte: Challender e Waterman, 2017).

De todos os predadores, o homem é o mais formidável. Enquanto outros predadores caçam apenas para carne, os humanos procuram pangolins por uma variedade de razões, incluindo alimentação, medicina, ritos consuetudinários, comércio, etc. O comércio ilegal de produtos pangolins é a principal causa da sobreexploração destes animais em todo o mundo.

Para além da predação, a desflorestação também afecta negativamente as populações de pangolins em todo o mundo.

1.6. Estado de conservação dos pangolins em todo o mundo e na RDC

Na 17ª sessão da Conferência das Partes (COP17) realizada na África do Sul de 24 de Setembro a 5 de Outubro de 2016), todas as espécies de pangolins foram colocadas no Apêndice I da Lista Vermelha da IUCN. Isto significa que todos os pangolins estão ameaçados de extinção.

Antes disso, os pangolins já estavam listados na CITES, Challender e Waterman (2017). Mas nem todas as espécies gozavam do mesmo estatuto de protecção. No entanto, esta listagem não é estática. De facto, os investigadores declaram no relatório da UICN escrito em 2017 que em 1975 *M. pentadactyla, M. javanica* e *M. crassicaudata foram* listados no Apêndice II e *M. Temminckii* no Apêndice I. Em 1994, *M. temminckii foi* transferido do Apêndice I para o Apêndice II e todas as outras espécies foram incluídas no Apêndice II no que diz respeito ao género *Manis*. Em 2000, *M. pentadactyla, M. javanica* e *M. crassicaudata foram* propostos para transferência para o Apêndice I. Mas a proposta não foi adoptada porque na altura a espécie ainda estava a ser objecto de um grande estudo comercial.

Durante a CoP17, foi também adoptada a Resolução sobre "Conservação e Comércio de Pangolins".

Na RDC, o pangolim gigante está totalmente protegido por lei e as outras duas espécies (pangolim de cauda longa e pangolim tricúspide de escamas) estão parcialmente protegidas.

A RDC tem portanto a obrigação de reforçar a sua legislação, dando às três espécies o estatuto de "protecção plena", uma vez que todas elas são consideradas globalmente ameaçadas de extinção. Além disso, o país é obrigado a reprimir todos os caçadores furtivos envolvidos no comércio de produtos de pangolins em todo o país. Infelizmente, o país luta para fazer cumprir as suas leis devido à fraqueza do Estado.

No entanto, informações sobre o estado de conservação de cada espécie por país podem ser encontradas no relatório da IUCN "Implementation of CITES Decisions 17.239 b) and 17.240 on pangolins *(Manis* spp.)" escrito em 2017 por D. Challender e C. Waterman.

Capítulo 2: APRESENTAÇÃO DO KAHUZI- BIEGA NATIONAL PARK

O Rift Albertine foi identificado como uma ecorregião crucial para a biodiversidade em África para vários taxa, e é reconhecido como um hotspot de biodiversidade de montanha da África Oriental. A KBNP está entre os sítios mais importantes para a conservação da biodiversidade nesta região. O seu nome refere-se a duas montanhas vulcânicas que se encontram dentro do parque: o Monte Kahuzi a 3.308 metros e o Monte Biega a 2.790 metros.

2.1. Criação e localização do PNKB

PNKB é um dos cinco Sítios do Património Mundial na RDC. Esta área protegida foi, na sua criação em 1937, pela primeira vez denominada Réserve Intégrale Zoologique et Forestière. Trinta e três anos mais tarde, foi transformada na PNKB em 30 de Novembro de 1970, pela Portaria n.º 70/316 do Presidente da República. É composto por duas partes diferentes. Por um lado, existe a zona de alta altitude que contém a parte anterior da reserva cujo ponto mais alto está situado no Monte Kahuzi (3,308m). É coberto por uma floresta tropical incluída no centro de endemismo afro-montano. Por outro lado, a zona de planície contém a floresta tropical Guineense-Congoliana, cuja altitude varia entre 700 m e 1700 m (UICN, 2010). A KBNP foi criada para proteger os gorilas de Grauer *(Gorilla beringei graueri),* também conhecidos como gorilas das planícies orientais, no sector das terras altas do parque. Em 1975, os seus limites foram alargados à região de planície até à sua dimensão actual de 6.700 km^2

Localizada no leste da RDC, a KBNP estende-se desde a bacia do rio Congo, perto de Itebero-Utu, até à sua fronteira oriental a noroeste de Bukavu. As suas coordenadas geográficas extremas são :

. a Oeste: o rio Ezeza (21°33'E) ;

. no Oriente: Lemera (28°46'E) ;

. no Sul: Lubimbe (2°37'S) ;

. no Norte: Monte Matebo (ou Monte Kamengele) (1°36'S) ;

. A sua altitude varia entre 600 e 3308 m.

O PNKB abrange três províncias. Kivu Sul, onde cobre parte dos territórios administrativos de Kabare, Kalehe, Shabunda e Walungu, Kivu Norte com o Território de Walikale e Maniema onde se estende por parte do território de Punia. Estas províncias estão entre as mais povoadas da RDC, especialmente no Kivu Norte e Sul, com importantes consequências para a biodiversidade e para a protecção do parque. As ameaças incluem a caça furtiva, a ocupação de terrenos de parque para a agricultura e pecuária, o corte de bambu e lenha, e a mineração artesanal.

Na classificação das áreas prioritárias de conservação na África Central desenvolvida pela CARPE, a PNKB faz parte da paisagem 10. Este último é composto pelo MNP, o RNT, o RPKI, o Complexo de Reservas UGADEC e o RNI.

A KBNP está administrativamente subdividida em 4 Sectores: Tshivanga, Nzovu, Lulingu e Itebero. Para este estudo, foram realizados inquéritos em torno do Sector Tshivanga (seis aldeias: Muyange, Buhungulu, Bunyakiri, Kambegete, Hombo-Norte e Hombo-Sul) e do Sector Itebero (sete aldeias: Chambogho, Kimbaseke, Masanganjiya, Mbughaka, Walikale Centre, Banakenge e Chabakungu).

2.2. Fauna e flora da KBNP

KBNP é um dos locais mais importantes da região do Albertine Rift, tanto em termos de espécies endémicas como de riqueza de espécies. Tem 136 espécies de mamíferos, incluindo um total de 11 espécies de mamíferos diurnos e três primatas nocturnos. Há o Grauer's Gorilla *(Gorilla gorilla graueri)* endémico da parte oriental da RDC e criticamente ameaçado, o Chimpanzé Gigante (*Pan troglodytes schweinfurtii*) bem como várias subespécies de primatas endémicos da região. Outras espécies animais endémicas e extremamente raras das florestas do leste da RDC também estão presentes, tais como o geneta gigante *(Genetta victoriae)* e o geneta da água *(Osbornictis piscivora). Os* mamíferos característicos das florestas da África Central também vivem no parque como o Elefante da Floresta *(Loxodonta cyclotis),* Búfalo da Floresta *(Syncerus caffer nanus),* Hylochoerus *meinertzhageni,* Bongo *(Tragelaphus euryceros)* e oito espécies de pequenos ungulados incluindo seis duiker e três espécies de pangolins. A reserva está localizada numa importante Área de Aves Endémicas com 349 espécies identificadas, das quais 32 são endémicas. De acordo com inventários anteriores, é o lar de 136 espécies de mamíferos, 15 das quais são endémicas, 14 espécies de primatas, 349 espécies de aves, 25 espécies de anfíbios, 7 das quais são endémicas e 69 espécies de répteis, 7 das quais são endémicas.

Na KBNP, a caça furtiva tem afectado grandemente a abundância e distribuição da vida selvagem. De acordo com Hall et al (1997), havia mais de 1000 elefantes no parque nos anos 90. Nos anos 2000, apenas cerca de dez foram observados. A população de gorilas na zona de alta altitude aumentou de 250 na década de 1990 para 168 em 2006, após o que estabilizou na zona com 181 indivíduos registados em 2010, e depois aumentou para pelo menos 213 em 2015. Globalmente, a população de gorilas Grauer diminuiu 77% nos últimos 20 anos, e o KBNP é uma fortaleza com uma proporção considerável da população total estimada em 3.800 indivíduos.

O PNKB está também localizado num Centro de Endemismo para plantas com 1.178 espécies, das quais 145 são endémicas da zona de grande altitude. Está entre os sítios mais importantes em termos de endemismo e espécies mais ameaçadas. As famílias dominantes são Euphorbiaceae (615 exemplares observados), Rubiaceae (330 exemplares), Clusiaceae (306 exemplares), Acanthaceae (265 exemplares), Fabaceae (255 exemplares), e Apocynaceae (248 exemplares). Até à data, 41% das espécies identificadas são herbáceas e 24% são árvores. As espécies endémicas incluem *Ardisia kivuensi* (Myrsinaceae), *Blotiella bouxiniana* (Denstaedtiaceae), *Begonia pulcherrima* (Begoniaceae), *Cola perlotii, Grewia mildbraedii* (Malvaceae), *Impatiens bombycina, I irangiensis* (Balsaminaceae), *Monanthotaxis orophila* (Annonaceae), *Oxyanthus troupinii* (Rubiaceae), *Saintpauliopsis lebrunii* (Acanthaceae), *Strophanthys bequaertii* (Apocynaceae), etc

No entanto, desde os anos 50, foram realizadas várias missões de inventário na KBNP, mas nenhuma equipa realizou um inventário completo em todas as áreas do parque. Portanto, os dados existentes são extrapolações baseadas nas áreas que foram cobertas em inventários anteriores.

A WCS efectua inventários biológicos em diferentes sítios florestais no Albertine Rift. A partir de 1959, os inquéritos foram realizados por diferentes equipas de investigação da WCS na KBNP (**Figura 13**). O trabalho realizado a partir dos anos 2000 pelas equipas da WCS visou apenas as elevações mais altas, ou algumas áreas das elevações mais baixas. Isto deve-se à insegurança que tem prevalecido no parque desde a guerra civil na RDC em 1996, na sequência da instabilidade criada pelo genocídio ruandês em 1994. Durante o período de guerra, uma multidão de grupos armados, tanto locais como estrangeiros, instalou-se no parque. Embora a guerra tenha terminado oficialmente em 2003, a instabilidade continua no país até hoje e os grupos armados ainda são abundantes e reinam supremos em partes do parque, onde a actividade e a violência continuam a aumentar.

Fig (13): Uma equipa de investigadores da WCS no PNKB

2.3. Ameaças para o PNKB

Historicamente, a criação de parques nacionais em todo o mundo levou à expulsão de populações humanas dentro dos limites estabelecidos pela lei que designa estas áreas protegidas. As áreas que constituem hoje a PNKB experimentaram no passado uma intensa actividade humana, e as primeiras expulsões de pessoas tiveram lugar por volta dos anos 50, embora algumas pessoas tenham permanecido nas áreas próximas do corredor de alta e baixa altitude do parque. Como resultado da expansão do parque em 1975 sem consulta às comunidades locais, existem agora aldeias nas elevações inferiores do parque, com consequências para a fauna e flora do local. Em particular, a desflorestação, a exploração mineira e a agricultura de queimadas levaram à fragmentação dos habitats e ao esgotamento de várias espécies animais através da caça furtiva. A ocupação do corredor ecológico pelos agricultores é também notada como factor histórico na invasão deste habitat, com consequências não só na fauna e nos diferentes habitats naturais, mas também no isolamento das populações animais da alta e baixa altitude do parque. Actuando como rota de transumância entre as duas áreas, a ocupação do corredor dividiu a KBNP em dois sectores distintos.

O parque está assim situado numa área densamente povoada, rodeado por pessoas pobres sem alternativas energéticas. Como resultado, o corte de bambu e a recolha de madeira são outras grandes ameaças para os habitats naturais do parque. Para proteger estes recursos, os guardas ecológicos dedicados à protecção da KBNP sob a gestão da ICCN realizam patrulhas para dissuadir os ladrões e prevenir actividades ilegais no parque. Infelizmente, os guardas ecológicos tornaram-se o alvo de algumas pessoas incivilizadas, o que dificulta a sua missão.

A pressão antropogénica sobre o KBNP é uma realidade. Conduz a conflitos multifacetados devido aos seguintes elementos

a) Conflitos entre parques e populações locais

- ✓ Remoção de árvores dos limites do parque;
- ✓ Depreensão de animais no Parque ;
- ✓ Extensão do parque sem consulta pública ou medidas de acompanhamento;
- ✓ Deslocalização e isolamento das populações;
- ✓ Partilha insuficiente dos benefícios entre o PNKB e a população ;
- ✓ Pobreza da população ;
- ✓ Corredor ecológico do Parque que atravessa o domínio principal de Nindja ;
- ✓ Baixa sensibilização da população por parte da PNKB.

b) Conflitos sobre o acesso aos recursos naturais

- ✓ Extensão do parque sem consultar a população ou medidas de acompanhamento;
- ✓ Exploração de minérios no Parque ;
- ✓ Instalação de campos no Parque ;
- ✓ Corte de madeira (construção, aquecimento, brasas) ;
- ✓ Abate de gorilas no Parque ;
- ✓ Caça com armas de fogo, armadilhagem, fosso, armadilha ;
- ✓ A pesca com covos, e a utilização de produtos vegetais tóxicos.

Capítulo 3: DADOS SOBRE A UTILIZAÇÃO DE PANGOLINS NA ZONA PNKB

3.1. Técnicas de recolha de dados

A técnica do inquérito foi utilizada para recolher dados. Consistia em entrevistar uma amostra da população que vivia em treze aldeias em duas zonas diferentes (**Figura 15**): Seis aldeias na zona 1 (em redor do Sector Tshivanga), incluindo Muyange, Buhungule, Bunyakiri, Kambegete, Hombo Sul e Hombo Norte, e sete aldeias na zona 2 (em redor do Sector Itebero), incluindo Kimbaseke, Chambogho, Masanganjiya, Mbughaka, Banakenge, Chabakungu e Walikale Centre. É importante notar que na Zona 1, foram realizadas entrevistas individuais em quatro aldeias, nomeadamente Bunyakiri, Kambegete, Hombo Sul e Hombo Norte. A exclusão de Muyange e Buhungule justifica-se pelo facto de, durante as entrevistas de grupo realizadas nestas duas aldeias, os pangolins permanecerem animais desconhecidos. São confundidas com a tartaruga, localmente chamada *"nguru"*. A escolha das aldeias foi orientada por investigadores da Sociedade de Conservação da Vida Selvagem (WCS) que realizaram inquéritos em torno da KBNP.

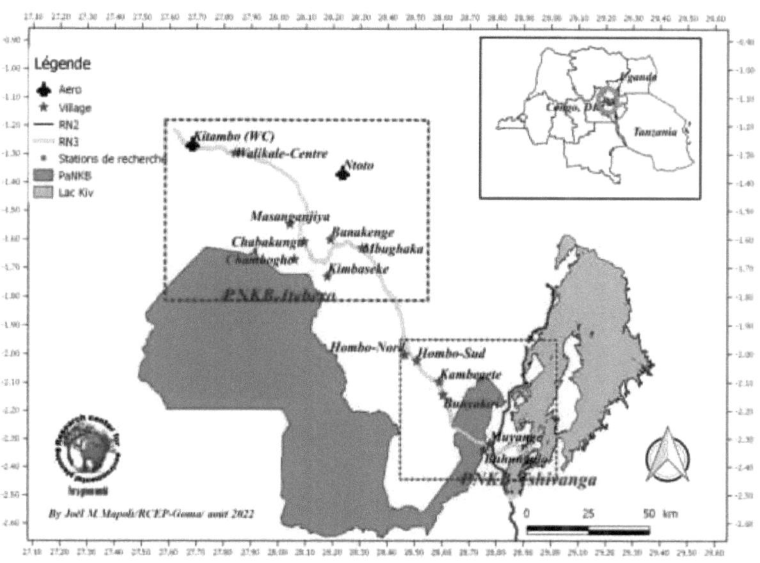

Fig (15): Localização dos locais de inquérito

Note-se que as duas zonas de estudo foram circunscritas durante os inquéritos por razões de eficácia e comparação de opiniões. A área em redor de Tshivanga está directamente ligada à cidade de Bukavu (Província do Kivu Sul, perto da República do Ruanda, República do Burundi e Tanzânia) e a zona 2 (centro de Itebero-Walikale) está directamente ligada às cidades de Goma (Província do Kivu Norte, perto do Ruanda e Uganda) e Kisangani (Província de Tshopo), que também está directamente ligada à cidade de Kinshasa através do rio e do aeroporto; mas também ligada por estrada ao Uganda através das cidades de Beni (Kivu do Norte) e Bunia (Província de Ituri), perto do Uganda

3.1.1. Entrevistas individuais

Com base num guia de entrevistas, um total de 116 pessoas (Zona 1: 55 e Zona 2: 61) foram entrevistadas para recolher informações sobre a exploração de pangolins em torno da KBNP (**Figura 16**). Os entrevistados pertencem a vários estratos da população, tal como apresentados no Quadro 1. É importante notar que a caça, embora praticada clandestinamente, continua a ser proibida nas proximidades do KBNP. Para este fim, a acção dos guardas ecológicos é intensa nesta área. Isto significa que as pessoas locais que caçam têm medo de se identificarem como caçadores.

Fig.(16): Entrevista individual em Hombo North village

Os entrevistados foram seleccionados por amostragem sistemática, percorrendo as parcelas da aldeia e considerando a primeira parcela como aquela localizada à entrada de um bairro com um intervalo de uma parcela (ou seja, na ordem 1, 3, 5, 7, etc.). Foi feito um esforço para entrevistar jovens, adultos e idosos. A entrevista foi realizada em Suaíli, embora o questionário tenha sido preparado em francês. Foram realizadas conversas informais com algumas das pessoas-alvo para verificar a exactidão das informações fornecidas pelos entrevistados. Dado o contexto da área de estudo (parque), as perguntas planeadas tinham suscitado uma sensibilidade extrema e complexa entre alguns agricultores, de tal modo que alguns se recusaram a ser entrevistados. Dada a complexidade das respostas, a entrevista levou uma média de 35 minutos por entrevistado.

3.1.2. Informação sobre os inquiridos

A informação sobre os inquiridos é apresentada na Tabela (2).

Quadro (2): Informação sobre os inquiridos

Estatuto dos inquiridos				Total
		Zona 1	Zona 2	
Género	Sexo masculino	40.0	49.0	**89.0**
	Mulher	15.0	12.0	**27.0**
	Total	**55.0**	**61.0**	**116.0**
Idade	Jovens (> 40 anos)	32.0	30.0	**62.0**
	Adultos (< 50 anos > 60 anos)	18.0	25.0	**43.0**
	Antigo (< 60 anos)	5.0	6.0	**11.0**
	Total	**55.0**	**61.0**	**116.0**
Tribos	Tembo	49.0	1.0	**50.0**
	Nyanga	3.0	8.0	**11.0**
	Lega	1.0	48.0	**49.0**

	Hunde	1.0	2.0	**3.0**
	Shi	1.0	0.0	**1.0**
	Nande	0.0	1.0	**1.0**
	N'Kusu	0.0	1.0	**1.0**
	Total	**55.0**	**61.0**	**116.0**
Nível estudo	Analfabetos	10.0	6.0	**16.0**
	Nível primário	15.0	11.0	**26.0**
	Nível secundário	24.0	38.0	**62.0**
	Académico	4.0	4.0	**8.0**
	Centro de Aprendizagem para empregos	2.0	2.0	**4.0**
	Total	**55.0**	**61.0**	**116.0**
Profissão	Agricultor	16.0	32.0	**48.0**
	Agentes do Estado	7.0	3.0	**10.0**
	Professores	7.0	9.0	**16.0**
	Comerciante	9.0	7.0	**16.0**
	Outros	16.0	10.0	**26.0**
	Total	**55.0**	**61.0**	**116.0**

As principais actividades praticadas pelas pessoas que vivem na KBNP são a agricultura, seguida da educação e dos serviços governamentais (funcionários públicos). Mas ninguém se identificou como um caçador. A caça é praticada clandestinamente. Portanto, o governo congolês poderia investir na agricultura para reduzir o impacto da caça mesmo ilegal em redor e no KBNP. O facto de ninguém se ter identificado como caçador em torno da KBNP é justificado pelas actividades intensas e quase permanentes dos guardas ecológicos. Isto significa que qualquer pessoa interessada nos recursos biológicos naturais da área é equiparada a oficiais do parque ou a oficiais dos serviços secretos. No entanto, em entrevistas informais, alguns entrevistados revelaram que a caça é praticada clandestinamente. É preciso estar bem identificado para aceder aos produtos da caça ou a qualquer informação relacionada. As populações, principalmente Lega e Tembo, levam a cabo actividades económicas informais para a sua sobrevivência. A agricultura e a pecuária são as principais actividades em torno do KBNP, apesar da baixa produção. Actualmente, a piscicultura está a expandir-se na área e está a tentar satisfazer a necessidade de proteínas animais.

De um ponto de vista de conservação, os *Lega* são um grupo central no qual o governo pode confiar, pois raramente comem a carne de pangolins e se abstêm de utilizar os seus subprodutos. Os costumes e tradições são uma alavanca que o governo pode utilizar.

3.1.2. Interrogatório de grupo

Foram realizadas entrevistas de grupo em cinco aldeias, nomeadamente, Muyange, Buhungulu, Kambegete, Chambogho e Mbughaka. Os grupos variavam em número de 4 a 8 (**Figura 17a e b**). As questões eram abertas mas não pré-determinadas, sendo as principais se os pangolins existem na área e, em caso afirmativo, como são considerados nas diferentes culturas locais. Todo o diálogo foi registado no caderno de campo e quaisquer pontos de confusão foram esclarecidos na altura.

Fig (17): Grupos focais realizados em Chambogho (a) e Mbughaka (b)

As entrevistas comunitárias são um dos métodos mais rentáveis para avaliar a distribuição de pangolins a nível local, porque os pangolins são um grupo altamente reconhecível. Quase todos os inquéritos que utilizavam a técnica int erview indicavam que a maioria dos inquiridos era capaz de descrever um pangolim (Nash *e al.*, 2016) e, por vezes, múltiplas espécies (Ichu *et al.*, 2017; Newton *et al.*, 2008). Contudo, é pouco provável que os inquéritos forneçam informações precisas sobre todas as espécies (Romero *et al.*, 2016). Por esta razão, Sampaio *et al.* (2011) advertiram que se deve ter cautela ao interpretar os resultados das entrevistas para evitar a desinformação.

3.2. Dados sobre o conhecimento e exploração dos pangolins

3.2.1. Conhecimento e frequência dos pangolins

A primeira questão era se todos os agricultores que viviam nas aldeias onde foi feita a amostragem sabiam dos animais chamados 'pangolins'. No decurso do interlocutor, foi revelado que nas áreas das montanhas de Tshivanga (Muyange e Buhungule) os pangolins não são conhecidos pelos agricultores. São confundidas com tartarugas *(nguru)*. Isto foi confirmado pelos serviços de monitorização KBNP baseados em Tshivanga, que insistiram que os pangolins são animais das terras baixas. No entanto, ao contrário de Nash *et al.* (2016), entre os locais indicados pelos inquiridos em Hainan (China), as montanhas estão entre os biótopos onde os pangolins são vistos regularmente. Não obstante estas declarações, Challender & Waterman (2017) afirmou que a altitude está entre os elementos que influenciam fortemente a distribuição de pangolins. No entanto, nas zonas baixas, estes animais são bem conhecidos dos agricultores. Não basta, portanto, viver numa área de distribuição global de qualquer espécie animal para a conhecer. Vários factores determinam a presença de uma determinada espécie num determinado local. Para os pangolins, a altitude parece ser um dos factores chave na sua distribuição. É portanto imperativo que os estudos de campo sejam conduzidos em profundidade a todas as altitudes para esclarecer as preferências altitudinais dos pangolins africanos.

Três espécies de pangolins vivem na KBNP e nos arredores: *M. gigantea, M. tetradactyla* e *M. tricuspis*. No entanto, as opiniões dos inquiridos diferiram em ambas as áreas sobre a presença de qualquer espécie em particular. No entanto, *M. tricuspis* é o mais comum, mas *M. gigantea* é mais conhecido nas aldeias da zona de Itebero. De facto, as três espécies de pangolins nidificam em habitats da África Central. *M. gigantea* é um dos grandes mamíferos cujos rastros foram recentemente observados na KBNP (Spira *et al.*, 2018). Em contraste, *M. tetradactyla* é tão raro e conhecido principalmente das elevações inferiores em torno de Tshivanga, onde a palmicultura está a expandir-se. Os pangolins africanos são mal estudados. O estatuto populacional e a distribuição geográfica específica na natureza é pouco conhecida. Pensa-se que a espécie mais abundante e comercialmente disponível é *M. tricuspis, M. tetradactyla* é diurna. Ocupa principalmente as copas das árvores e só desce quando é desconfortável. É por isso que o animal parece ser raro devido ao seu comportamento mais permanente na copa das árvores. O estranho comportamento de *M. tetradactyla* também foi confirmado no Parque Nacional do Campo Maan durante os inquéritos realizados nesta área. É activo durante o dia e conhecido localmente como "*Raphia* pangolin" porque vive principalmente nas palmas de *Raphia*. Comporta-se de forma diferente de duas outras espécies. Gaubert (2011) e Waterman *et al.* (2014a) relataram anteriormente que a menos frequente de todos os pangolins africanos registados é *M. tetradactyla.* Isto reflectiria a inacessibilidade do seu habitat de alcance pelo homem. Além disso, Kingdom *et al.* (2013) postularam que *M. tetradactyla* está activo durante o dia e à noite.

3.2.2. Utilização de produtos de pangolins e padrões de captura em torno da KBNP

As pessoas que vivem em redor da KBNP exploram os pangolins e os seus derivados por uma variedade de razões. No entanto, as razões pelas quais estes animais são explorados diferem de uma área para outra. Em redor de Tshivanga, os pangolins são explorados principalmente para a medicina tradicional local, enquanto na área de Itebero, a alimentação é a principal razão. No entanto, os produtos secundários dos pangolins (escamas, garras e ossos da cauda) são utilizados no tratamento de certas doenças (**Quadro 3**), entre outras: ameaça de aborto, malária, dores lombares baixas, cólicas, fontanela, mesmo protegendo-se de feitiços malignos, etc.

Algumas opiniões indicaram que, para além dos alimentos e da medicina tradicional local, os produtos pangolins são também explorados no comércio. Em entrevistas informais com alguns inquiridos, foi revelado que as balanças são amplamente utilizadas por praticantes tradicionais e que existe mesmo um mercado especial na comuna de Kadutu, na cidade de Bukavu (RDC).

Várias técnicas são utilizadas para capturar os pangolins. As técnicas mais utilizadas são a armadilhagem, a escavação de tocas, a recolha e a caça de cães.

É sabido que todos os pangolins africanos são ameaçados pela caça aos mercados locais. Estão sujeitos a uma exploração extensiva e frequentemente intensiva para a carne de animais selvagens consumida localmente e para a medicina tradicional. Durante o seu trabalho sobre carne de animais selvagens nos Camarões entre 2002 e 2003, Fa *et al.* (2006) descobriram que *M. tricuspis* era a quarta espécie mais importante do mundo.
frequentemente recolhidos em todos os locais de estudo. Isto confirma que é a espécie mais abundante entre os pangolins africanos (CITES, 2016). Capturar os pangolins é fácil, pois não têm meios de defesa. Com ferramentas simples de caça como armadilhas ou simples ferramentas manuais como paus e catanas ou simplesmente agarradas à mão no caso de *M. tricuspis*. Em alguns lugares nos Camarões, os caçadores passam até três dias na natureza, procurando e cavando tocas para a *M. gigantea.* Além disso, nas Filipinas, os caçadores usavam cães para detectar pangolins (Schoppe e Alvarado, 2015), tocas de pangolins no Vietname (Newton *et al.*, 2008) e na República do Laos nos anos 90 (Challender *et al.*, 2014).

É de notar que nos Camarões, quase todos já conhecem o valor de mercado das balanças. Esta é uma motivação adicional para caçar pangolins por todos os meios possíveis. E ainda assim, a utilização de armadilhas de arame é ilegal em todos os estados da área geográfica do pangolim! Infelizmente, os funcionários responsáveis pela aplicação da lei ignoram ou toleram frequentemente o laço (LAGA, 2015).

Se as pessoas que vivem na KBNP conhecerem o valor de mercado dos produtos pangolins, estarão ameaçados para além das medidas, levando à sobre-exploração destes animais nesta paisagem com o risco de extinção da espécie. No entanto, a sua densidade e números no parque ainda não são conhecidos. É portanto mais do que urgente que sejam realizados estudos de campo para estimar a abundância e determinar a densidade, a fim de definir um plano de gestão eficaz para os pangolins em KBNP, e porque não para Landscape 10 em geral.

3.2.3. Produtos de pangolins e medicina tradicional local

Três produtos secundários de pangolins são utilizados na medicina tradicional local. Estes produtos tratam uma variedade de doenças, incluindo aborto ameaçado, cólicas, malária, tosse, dores lombares e espinais, e até doenças demoníacas (**Quadro 3**).

Quadro 3: Doenças tratadas e método de preparação

N°	Produtos secundários	Doença tratada	Modo de preparação
1.	Balança	Ameaça de aborto	Organizar as escamas num colar num fio da palmeira, que é depois enrolado à volta da anca da mulher gorda ameaçada de aborto.
		Fontannelle	Incinerar, depois moer. Em seguida, misturar as cinzas com óleo de rícino ou palma e aplicar na fontanela.
		Paludismo	Ferver as escamas com outras folhas selvagens (não especificadas) e depois trancar o paciente numa área hermeticamente selada para sugar o calor da preparação (banho quente).
		Doenças demoníacas	Talismã.
2.	Garras	Tosse	Ferver com as folhas de certas plantas selvagens (não especificadas), depois beber quente (Decocção).
		Cólica	Decocção.

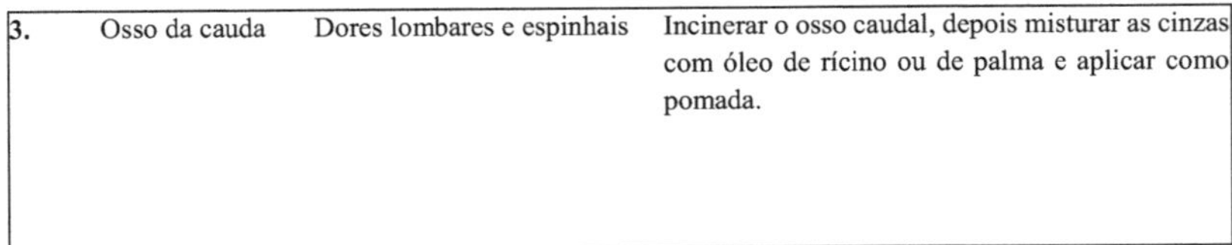

3.	Osso da cauda	Dores lombares e espinhais	Incinerar o osso caudal, depois misturar as cinzas com óleo de rícino ou de palma e aplicar como pomada.

Estes dados corroboram os de Boakye *et al* (2015) e Zhao *et al* (2015), que afirmam que as escamas de pangolim são utilizadas para tratar uma série de doenças, incluindo cancro grave, reumatismo, convulsão e gastrite. Por exemplo, na Serra Leoa, tratam 59 doenças; na China, são utilizadas para desintoxicar e estimular o leite materno. Na Tanzânia, o pangolim é chamado "Bwana muganga" que significa "Sr. Doutor" porque cada parte do seu corpo cura pelo menos uma doença. No Vale da Grande Ruaha (Tanzânia), fornece ingredientes para vários tipos de preparações medicinais e mágicas. As suas escamas são de longe as mais utilizadas para fins curativos (por exemplo, no tratamento de panicite, torcicolos, dores nas costas, pneumonia, convulsões infantis, eritema) e para fazer amuletos (especialmente para proteger os caçadores e os seus acampamentos de animais selvagens, guarda-caça e outros agentes de infortúnio).

3.2.4. Procura externa de balanças de pangolins

A maioria dos inquiridos (52%) em torno do KBNP nunca esperaram falar sobre o comércio em escala. Por outro lado, para aqueles que já esperavam falar sobre este comércio, é relatado que têm procura de pangolins e seus derivados, principalmente balanças, a partir de vários locais. Chegam às aldeias em redor da KBNP através de intermediários (**Figura 18**), na sua maioria nacionais de aldeias limítrofes do parque, mas que vivem actualmente nos centros urbanos.

A maioria dos candidatos em torno de Tshivanga são congoleses e principalmente praticantes tradicionais. Vêm de vários centros urbanos, principalmente Bukavu, Kisangani, Goma, centro de Walikale e até Kinshasa. No entanto, na área em redor de Itebero, os candidatos são principalmente estrangeiros. São principalmente agentes da força da ONU, MONUSCO, seguidos por traficantes de origem burundiana, ugandesa e tanzaniana.

Contudo, é de notar que 29,1% dos inquiridos em torno de Tshivanga afirmaram que a exploração de pangolins é permitida pelos costumes locais, enquanto 36,6% em torno de Itebero admitiram que não é permitida, nem pelos costumes locais nem pelas leis da República. Além disso, em ambas as áreas, a maioria dos candidatos está à procura de pangolins e/ou balanças vivas. De facto, os pangolins estão actualmente entre os mamíferos mais comercializados ilegalmente na natureza. São sobre-exploradas para o comércio internacional e para uso local, principalmente para a sua carne e escamas. Na África Central, 78% dos pangolins são vendidos vivos no mercado da carne de animais selvagens (Fargeot, 2008). Eles são o animal mais caçado depois do elefante e estão a tomar uma proporção crescente na lista de animais caçados na África Central (Gevers, 2017). Além disso, o Uganda, o Burundi e a Tanzânia estão entre os países que são simultaneamente produtores e intermediários no tráfico de escamas de pangolins. Isto justificaria a origem de muitos candidatos nacionais. Vêm principalmente das cidades que estão próximas destes países, nomeadamente Bukavu (ligada ao Burundi, Ruanda e Tanzânia) e Goma (ligada ao Uganda e ao Ruanda). A cidade de Kisangani, com as suas ligações (estrada para Ituri e províncias do Kivu Norte, aeroporto e rio), facilitaria o fluxo de produtos para o mundo exterior, quer através de Ituri, Haut-Uelés, Bas-Uelés (que conduz ao Uganda, Sudão do Sul ou África Central), quer através do Kivu do Norte (Beni, Goma)

MONUSCO é responsável pela maior proporção de estrangeiros citados entre os candidatos. Isto seria devido ao facto de a maioria dos soldados da paz que estão ou estiveram na região de Walikale serem principalmente de origem asiática (chineses, Nepal, Índia, Paquistão, Bangladesh, etc.).

3.2.5. Organização do mercado e meios de transporte

A hierarquia do mercado vai desde o caçador até ao cliente através de intermediários. Na verdade, o caçador vai à floresta para matar os pangolins. Ele regressa com a carne e as escamas à aldeia onde encontra compradores locais ou outros intermediários, que transportam os produtos comprados para os centros urbanos mais próximos. Encontram-se aqui tanto praticantes tradicionais locais (tomadores de escala) como traficantes para abastecer o mercado externo.

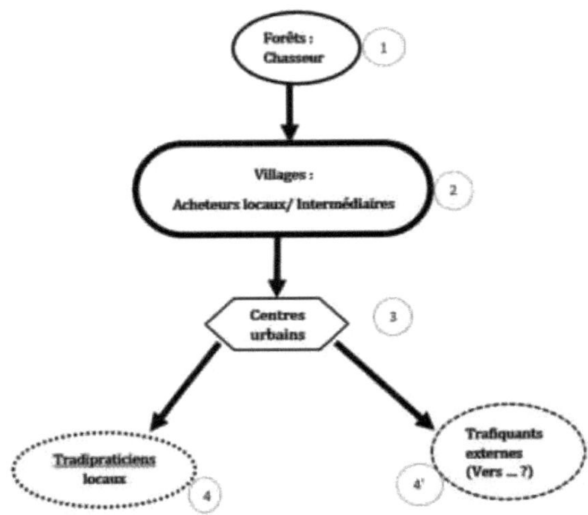

Fig (18): Organização hierárquica do mercado da escala de pangolins.

A hierarquia organizacional do mercado da escala de pangolins é a seguinte. O caçador vai para a floresta para matar os pangolins (1). Ele regressa com a carne e as balanças à aldeia onde encontra compradores locais ou outros intermediários (2), que transportam os produtos comprados para os centros urbanos mais próximos (3) onde há ou praticantes tradicionais locais (tomadores de escalas) (4) ou traficantes para abastecer o mercado externo (4'). O transporte é geralmente assegurado por motas, veículos ou mesmo aviões/helicópteros.

Geralmente na organização do mercado, há um coleccionador da aldeia (geralmente dos centros urbanos) que concentra os produtos da aldeia e os vende a um comerciante urbano que abastece os compradores. Nos Camarões, grande parte das balanças são vendidas no mercado negro, enquanto alguns praticantes tradicionais também as utilizam para a medicina tradicional. O aumento da procura da medicina tradicional chinesa tornou os pangolins no mamífero mais traficado do mundo, disseram eles.

A exploração comercial é o factor chave no rápido declínio das populações de espécies de pangolins asiáticos nas últimas décadas (Mambeya *et al.*, 2018). Sem surpresas, isto levou ao aumento do comércio internacional e do tráfico de pangolins africanos para a Ásia, principalmente pelas suas escalas.

No Gabão, os trabalhadores da indústria asiática compram os pangolins directamente aos caçadores. Para não se repetir, existe actualmente uma sobre-exploração da fauna de mamíferos como resultado da caça comercial. Infelizmente, esta caça comercial é acusada de pôr em perigo a vida animal nas florestas da África Central e, em última análise, de ameaçar todo o ecossistema (Fargeot, 2004).

O estado da estrada que liga a área de Tshivanga à cidade de Bukavu só permite a utilização de motociclos como meio de transporte. Isto explicaria o baixo tráfego de produtos de pangolins. Por outro lado, na área em redor de Itebero, as estradas que ligam o centro de Walikale às cidades de Kisangani e Goma são mais ou menos praticáveis, facilitando assim a chegada de veículos de todos os tipos. Há também pistas de aterragem no centro de Walikale e seus arredores. Estas infra-estruturas facilitariam o tráfego de produtos pangolins.

No relatório da UICN, Challender e Waterman (2017) indicam que os países europeus parecem ser condutas para o tráfico em escala da África para a Ásia. A este respeito, e de acordo com os dados disponíveis, a maior parte do tráfico em escala teve origem no Benim, Camarões, Costa do Marfim, RDC, Gabão, Guiné Equatorial, Guiné, Libéria, República Centro-Africana e Togo, e passou pela Bélgica, França, Alemanha, Holanda e Reino Unido da Grã-Bretanha e Irlanda do Norte (UK), principalmente para a China e Região Administrativa Especial de Hong Kong, bem como para o Vietname. O tráfico de balanças do Uganda através do Quénia para a China e Tailândia também é significativo. Estes dados, juntamente com a investigação científica existente, sugerem que cerca de 18.000 pangolins foram comercializados ilegalmente todos os anos entre 2001 e 2016, mas os números reais são muito mais elevados. De facto, outras fontes apontam para um padrão alarmante de grandes apreensões de escamas de pangolins africanos nos últimos anos, o que acrescentaria cerca de 86.000 indivíduos a estes números. Por seu lado, a África do Sul relatou em 2015 a existência de um comércio ilegal moderado no país, mas este comércio é difícil de controlar e quantificar. Também não se sabe se os espécimes comercializados foram capturados vivos na natureza ou mortos em estradas ou em cercas eléctricas, mas é provável que os animais provenham das três fontes.

3.2.6. Importância sócio-económica dos produtos pangolins em torno da KBNP

A maioria dos inquiridos em ambas as áreas argumentou que a colheita de pangolins tem um impacto positivo na vida dos agricultores. No entanto, ninguém disse o que esta exploração realmente traz em termos de melhoria das condições de vida. O impacto mencionado é apenas de subsistência (alimentos e medicina local). É a procura externa que começa a despertar a curiosidade dos povos indígenas sobre a importância destes animais e dos seus subprodutos. Infelizmente, as quantidades produzidas ainda não são conhecidas. Daí a necessidade de abordar esta questão a fim de quantificar a produção. É também importante mencionar que o modo de venda e o preço não foram revelados ao investigador, especialmente porque a actividade é muito clandestina.

De facto, os dados disponíveis sobre os pangolins africanos indicam que há muito que são caçados e escalfados para a sua carne e utilização na medicina tradicional africana. Contudo, investigações recentes sobre estas espécies indicam que a exploração para consumo local está a aumentar constantemente (Ingram *et al.,* 2017). Infelizmente, os benefícios não são sentidos a nível local. Em contraste, ao contrário dos hábitos normais de caça de subsistência dos Mro (Bangladesh), os pangolins são especificamente destinados à exportação comercial das suas balanças (Trageser *et al.,* 2017). O preço de 1 kg de balanças de pangolins na região variou entre 250-400 USD no Verão de 2015 (Katuwal *et al.,* 2015), e no Nepal o preço variou entre 500-625 USD por kg em 2016 (Trageser *et al.,* 2017).

3.2.7. Opiniões dos agricultores sobre o estado actual dos pangolins em torno do KBNP

A maioria dos inquiridos baseou as suas estimativas na frequência de avistamentos de pangolins nas florestas e arbustos em redor das suas aldeias, em comparação com o que viram há mais de dez anos. Em geral, as opiniões expressas indicam que *Manis gigantea* e *M. tetradactyla* são raros, e *M. tricuspis* não é muito abundante. Além disso, os pangolins estão a declinar em ambas as áreas de estudo.

Isto corrobora com os resultados encontrados durante inquéritos em algumas áreas protegidas nos Camarões que revelaram que *o M. gigantea* é um dos animais mais raros; enquanto que *o M. tricuspis* é a espécie vista regularmente por um grande número de observadores. A espécie *M. tetradactyla* foi encontrada muito raramente nos Camarões.

A maioria dos estados africanos que responderam ao questionário da CITES (Challender & Waterman, 2017) consideram que os seus pangolins são deficientes em termos de dados, ou que as suas populações estão em total declínio. O estado dos pangolins é considerado deficiente em termos de dados: Angola, Benim, Botsuana, Camarões, República Centro Africana, Chade, Gabão, Gana, Quénia, Namíbia, Senegal, Togo, Uganda, República Unida da Tanzânia, Zâmbia e Zimbabué, enquanto que o Benim e os Camarões acrescentam que as populações estão provavelmente a diminuir. A Costa do Marfim, a Libéria e a Nigéria relataram números reduzidos devido aos níveis de utilização e comércio. A África do Sul também relatou números em declínio. A Nigéria relatou que *M. gigantea* tinha sido exterminada em todas as áreas protegidas, enquanto *M. tricuspis* e *M. tetradactyla* ainda estão presentes em áreas protegidas no sudoeste, sudeste e sul do país. Além disso, os investigadores Challender & Hywood (2012) e Challender *et al.* (2014) já tinham indicado que as populações de pangolins africanos estão em declínio. Estes declínios são significativos como os observados em partes do Sudeste Asiático (Willcox *et al.,* 2019). E na área de Hainan (China), as suas populações são vistas como muito baixas.

3.2.8. Considerações sócio-culturais dos pangolins

Cada espécie de pangolim está sujeita a considerações especiais em algumas culturas da RDC. Estas considerações não são as mesmas em todas as tribos. No caso da nossa área de estudo, existe uma diferença muito significativa nas duas áreas. *M. gigantea* é um animal totem para a comunidade *Lega* (a maioria na área de Itebero) e para *M. tricuspis* e *M. tetradactyla*, só os iniciados podem comer a carne. Enquanto que entre os *Tembo*, que estão na maioria em torno de Tshivanga, o consumo de carne de todas as espécies de pangolins é permitido a todos, excepto às mulheres grávidas.

De Heusch (1984) descobriu que o pequeno pangolim ocupa o centro da vida ritual de *Lele* (um dos povos que vivem na grande Kasai). Este animal está associado à água, o princípio da fertilidade. Por outro lado, entre os *Lega* (um dos povos do Grande Kivu), é *M. gigantea* que é respeitada e protegida por uma rigorosa proibição de caça. E quando é encontrado morto na floresta, pertence aos detentores do poder consuetudinário. Quem encontrar o cadáver está condenado a levá-lo para o templo habitual para ser purificado pelo tutor habitual. Caso contrário, será castigado pelos antepassados. Além disso, as pessoas que vivem em redor de Mbam e Djerem NP (Camarões) acreditam que, como os pangolins têm muitas escamas, uma vez que estas tenham sido transformadas em pó, poderão obter muitos rendimentos. Por outro lado, em redor do Campo Maan NP, *M. tetradactyla é* considerado como trazendo má sorte porque vê-lo traz más notícias para a família. Além disso, é de notar que o pangolim tem um significado cultural em toda a diáspora Bantu. É possível que algumas das ideias e atitudes relacionadas com estes animais atípicos tenham sido transportadas pelos primeiros migrantes das florestas tropicais.

A crença nas propriedades protectoras e curativas das escamas de pangolins é também generalizada na África Oriental e Austral. Esta é uma preocupação para as agências de conservação de espécies. Em algumas sociedades, o pangolim desempenha um papel mais elaborado nas crenças e rituais locais. Muitas pessoas na Tanzânia consideram que um encontro com um pangolim é um sinal auspicioso que requer uma cerimónia de adivinhação pública, pois acredita-se que os animais vivos têm a capacidade de prever o futuro.

Conclusão

Inquéritos realizados em torno de Tshivanga e Itebero revelam que os pangolins são conhecidos da maioria dos habitantes das terras baixas que vivem nas proximidades do KBNP, mas os que vivem nas zonas altas confundem estes animais com a tartaruga.

Relativamente à comercialização de produtos pangolins, poucas pessoas têm conhecimento disto na região e a acção dos estrangeiros, tanto congoleses como estrangeiros (Ugandeses, Burundianos, Tanzanianos, agentes MONUSCO) são citados como os principais demandantes destes produtos. O mercado é clandestino e vai desde o caçador até ao cliente através de intermediários.

Em termos de considerações socioculturais, a maioria das tribos nas duas áreas de estudo, entre os *Lega* (Itebero), *M. gigantea* é sagrada. Mas para o *Tembo* (Tshivanga), apenas as mulheres grávidas não estão autorizadas a comer carne de pangolim.

Tendo em conta o acima exposto, a exploração de pangolins para fins comerciais está a dar os seus primeiros passos nesta área. No entanto, enfrenta dois grandes obstáculos. Por um lado, o posto de controlo dos guardas ecológicos em Tshivanga, a estrada principal para Bukavu (Zona 1); e por outro lado, a cultura *Lega*, que não permite a caça de *M. gigantea*, uma espécie cuja balança é muito procurada para o comércio.

Contudo, existe a preocupação de que isto esteja a ser banalizado por jovens que já estão conscientes da procura externa e começam a questionar a importância que os candidatos atribuem às balanças de pangolim, que em tempos foram tratadas como resíduos.

Finalmente, deve reconhecer-se que os inquéritos da UE não são suficientes para estimar o estatuto das espécies e determinar a extensão da sua exploração. Por conseguinte, deve ter-se o cuidado de interpretar os resultados do inquérito de entrevista para evitar desinformações ou interpretações erradas.

Para este fim, devem ser realizados levantamentos de campo utilizando armadilhas fotográficas para fornecer informação real sobre a abundância e distribuição de pangolins na KBNP.

BIBLIOGRAFIA

Bisimwa M. L. (2018). *Desafios da propriedade comunitária da gestão participativa em torno do Parque Nacional Lomami (LNP), no território de Opala, República Democrática do Congo.* Tese de mestrado. Universidade de Kisangani. Kisangani - República Democrática do Congo, 54 páginas.

Boakye, M.K., Kotzé, A., Dalton, D.L. e Jansen, R. (2016). *Desfazendo a cadeia de mercadorias de carne de pangolim e a extensão do comércio no Gana.* Hum. Ecol. 44, 257-264.

Boakye, M.K., Pietersen, D.W., Kotze, A., Dalton, D-L. e Jansen, R. (2015). *Conhecimento e usos dos pangolins africanos como fonte de medicina tradicional no Gana,* Plos One, DOI:10.1371/journal.pone.0117199.

Bruce T., Wacher T., Ndinga H., Bidjoka V., Meyong F., Bata M.N., Easton J., Fankem O., Elisee T., Taguieteu P.A. e Olson D. (2017). *Inquérito Camera-Trap para a Vida Selvagem Terrestre Maior na Reserva da Biosfera de Dja, Diversidade dos Camarões & Intactness of the Larger Vertebrate Fauna,* Sociedade Zoológica de Londres (ZSL) & Ministério das Florestas e Fauna (MINFOF), Yaoundé, Camarões.

Challender D. W. S., Baillie J. E. M. e Waterman C. (2012). *Catalisando acções de conservação e elevando o perfil dos pangolins - o Grupo de Especialistas em Pangolins da IUCN SSC (PangolinSG).* No Asian Journal of Conservation Biology 1(2): 140-141pp.

Challender D.W. (2013). *O mamífero selvagem mais comercializado - o pangolim - está a ser comido até à extinção. UICN.* Extinção do ser comido por mamíferos selvagens-pangolins. pdf

Challender, D. e Hywood, L. (2012). *Os pangolins africanos sob pressão crescente da caça furtiva e do comércio intercontinental.* TRAFFIC Bull, 24, 53-55pp.

Challender, D., Nguyen, T.V., Shepherd, C., Krishnasamy, K., Wang, A., Lee, B., Panjang, E., Fletcher, L., Heng, S., Ming, S.H.J., Olsson, A., Nguyen, T.T.A., Nguyen, Q.V. e Chung, Y.F. (2014). *Manis Javanica. A Lista Vermelha de Espécies Ameaçadas 2014 da UICN,* https://doi.org/102305/IUCN.UK.2014-2.RLTS.T12763A45222303.

Challender, D.W.S e Waterman, C. (2017). *A implementação das decisões CITES 17.239 b) e 17.240 sobre pangolins (Manis spp.)* Relatório da UICN.

CITES CoP17 (2016): *Revisão das propostas de emendas aos Apêndices I e II, 17ª reunião, Joanesburgo, África do Sul*, pdf.

Cota-Larson R. (2017). *Guia de identificação rápida das espécies de pangolins: Uma ferramenta de avaliação rápida para o campo e o escritório.* Preparado para a Agência dos Estados Unidos para o Desenvolvimento Internacional. Banguecoque: USAID Wildlife Asia Activity, pdf.

De Heusch L. (1984). "*The sacrificial capture of the pangolin in Central Africa*", Systems of Thought in Black Africa [Online], 6 |, accessed 05 June 2013, accessed 24 February 2017. doi: 10.4000/span.541, 20P.

DFGF (2003). *Estudo em escala sobre a mineração artesanal de coltan no Parque Nacional de Kahuzi-Biega.*

Dudu, A. (2002). *La précarité de l'exploitation des ressources naturelles renouvellables: cas de la faune de la Province Orientale.* Documento apresentado no seminário-workshop organizado pela Fundação Konrad Adenauer sobre o tema: "Prévention des crises et installation d'une paix durable en RDC". Publicação do Instituto para a Democracia e Liderança Política, Kinshasa, 65-85.

Dudu, A.B e Ngongo, R. (2001). *La gestion coutumière des réserves's impose,* Revue " Nzamba ", n°06, 18-19pp.

Fa, J.E., Seymour, S., Dupain, J., Amin, R., Albrechtsen, L. e Macdonald, D., 2006. *Chegada a* Fargeot C. (2008). *O comércio de carne de caça na África Central. Etude d'un marché-porte : le PK12 à Bangui (RCA),* CIRAD, Montpellier, França, 12p.

Fargeot, C. 2008. *A caça comercial na África Central I. O veado ou o comércio de um produto alimentar. Bois et forêts des tropiques,* 2004, n° 282 (4).

Gaubert, P. (2011). *Família Manidae (Pangolins).* Pp. 82-103 in: Wilson, D.E. e Mittermeier, R.A.(Eds), 2011: *Handbook of Mammals of the World.* Vol. 2: Mamíferos com cascos. Lynx Edicions, Barcelona

Hall, J.S., Inogwabini, B.I., Williamson, E.A., Omari, I., Sikuabwaboa, C. e White, L.J.T., (1997). *Um levantamento dos elefantes (Loxodonta africana) no Parque Nacional de Kahuzi-Biega, sector das terras baixas no Leste do Zaire.* African Journal of Ecology, 35: 213-223pp.

Hall, J.S., White, L.J.T., Inogwabini, B.I., Omari, I., Morland, H.S., Williamson, E.A., Saltonstall, K., Walsch, P., Sikuabwaboa, C., Dumbo, B., Kaleme, P.K., Vedder, A. e Freeman, K. (1998). *Levantamento do gorila de Grawer (Gorilla gorilla graweri) e dos Chimpanzés da Páscoa (Pan troglodytes schweinfurthi) no sector das terras baixas do Parque Nacional de Kahuzi-Biega e florestas adjacentes no Leste da RDC,* International Journal of Primatology 19: 2007-237 pp.

Heinrich, S., Wittman, T.A., Ross, J.V., Shepherd, C.R., Challender, D.W.S. e Cassey, P. (2017). *O Tráfico Global de Pangolins: Um Resumo Abrangente das Apreensões e Rotas de Tráfico de 2010-2015.* TRAFFIC, Escritório Regional do Sudeste Asiático, Petaling Jaya, Selangor, Malásia.

ICCN-DG. (2009) : *Plano Geral de Gestão do Parque Nacional Kahuzi-Biega 2009-2019.*

Ichu, I. G., Kambale , N.J. e Mousset, M. C.L. (2017). *Testing the efficacy of field surveys and local knowledge for assessing the status and threat to three species of pangolins in Cameroon,* field report, 43P.

Ingram, D.J., Katharine, L., Abernethy, A., Maisels, F., Stokes, E.J., Bobo, K.S., Breuer, T., Gandiwa, E., Ghiurghi, A., Greengrass, E., Holmern, T., Towa, O.W.K., Obiang, N.A.M., Poulsen, R.J., Schleicher, J., Nielsen, M.R., Solly, H., Vath, C.L., Waltert, M., Whitham, E.L.C., Wilkie, S.D., e Scharlemann, P.W.J. (2019). *Avaliação da Exploração de Pangolins em África através da Escala de Dados Locais. Wiley*

Periodicals, Inc, 11(Abril), 1-9. https://doi.org/10.1111/conl. 12389.

INS (Institut National des Statistiques) (2014). *Rapport global final de l'enquête 1 -2 -3,* Kinshasa/ DRC, 164 P.

Kambale, N.J. (2015). *La consommation de la viande des brousses à Yangambi (Province de la Tshopo, RD Congo),* Mémoire de Master indédit, Fac. Sci, UNIKIS, 57p.

Karawita, H., Perera P.I., Gunawardane, P. e Dayawansa N. (2018). *Preferência de habitat e caracterização negra do Pangolim indiano (Manis crassicaudata) numa paisagem florestal de planície tropical do sudoeste do Sri Lanka*, PLoS ONE 13 (11): e0206082. https://doi.org/10.1371/journal.pone.0206082.

Katuwal HB, Neupane KR, Adhikari D, Sharma M e Thapa S. (2015). *Pangolins no Nepal Oriental: importância comercial e etno-medicinal.* Diário de taxas ameaçadas. 7563-7567.

Keregero K. (1998). *Pangolin traz esperança à Região Costeira. The Guardian (Dar-es-Salaam),* terça-feira 1 de Setembro de 1998.

Kingdon, J., Happold, D., Butynski, T., Hoffmann, M., Happold, M. e Kalina, J. (2013). *Mamíferos de África* (volume 5). Bloomsbury Publishing, Londres. 385-400pp.

Kityo R., Prinsloo S., Ayebare S., Plumptre A., Rwetsiba A., Sadic W., Sebuliba S. e Tushabe H. (2016). *Espécies de Uganda Ameaçadas a nível nacional.*

Laurance W. F., Croes B. M., Tchignoumba L., Lahm S. A., Alonso A., Lee, M. E. e Ondzeano C. (2006). *Impactos das Estradas e da Caça nos Mamíferos da Mata Atlântica da África Central.* Biologia da Conservação, 1-11. https://doi.org/10.1111/j.1523-1739.2006.00420.

Le Goater Y. (2007). *La protection des savoirs traditionnels: l'expérience indienne,* Séminaire Jeunes Chercheurs - Association Jeunes Études Indiennes, Aix-en-Provence.

Mambeya M., Baker F., Koumba F., Momboua B. R., Hega M., Joseph V. e Abernethy K. (2018). *A emergência de um comércio de pangolins do Gabão*. African Journal of Ecology, (Janeiro), 601-609. https://doi.org/10.1111/aje.12507.

Marshall N.T. (1998). *À procura de uma cura: conservação dos recursos medicinais da vida selvagem na África Oriental e Austral.* Cambridge, TRAFFIC International.

McColaugh D. (1989). *Pangolins: símbolo do Fundo de Protecção da Vida Selvagem da Tanzânia. Kakakuona,* 1: 16-17.

Nash C.H., Wong H.G.M. e Turvey T.S. (2016). *Usando os conhecimentos ecológicos locais para determinar o estatuto e as ameaças do pangolim chinês (Manis pentadactyla) em Hainan, China* pdf.

Newton P., Van Thai N., Roberton S. e Bell D. (2008). *Pangolins em perigo: utilizando os conhecimentos dos caçadores locais para conservar espécies esquivas no Vietname. Colocar em perigo. Espécie* Res. 6, 41e53. https://doi.org/10.3354/esr00127.

Ngeh C.P., Shabani A.N., Mabita M.C. e Djamba Kasongo E. (2018). *Aplicação da lei sobre crimes contra a vida selvagem na RDC: como melhorar a acção penal?* Em Traffic, 44P.

Parker M. (2015). *Avaliação de Programas de Detecção e Rastreio de Cães em África. Cães de trabalho para a conservação.* EUA. https://wd4c.org/.Pei, K.J.C., Lin, J.-S., Sun, C.-M., Hung, K.-H., Chang, S.-P., 2015. *Ecologia da população do pangolim taiwanês.* In: 5º Congresso Internacional de Gestão da Vida Selvagem. IWMC 2015 Abstracts. 26-30 de Julho. Sapporo, Japão, 13pp.

CBFP (2007). *Florestas da Bacia do Congo. Etats des Forêts 2006.* COMIFAC, Ministério francês dos Negócios Estrangeiros, UE, USAID. 256 pp.

Plumptre AJ, Kujirakwinja D, Matunguru J, Kahindo C, Kaleme P, Marks B. e Muhndorfe M. (2008). *Estudos de biodiversidade nas regiões Misotshi-Kabogo e Marungu do leste da República Democrática do Congo.* Albertine Rift Technical Reports Series 5:1-79.

RDC (1982). *La loi N° 82-002 du 28Mai 1982 réglementationportant de la chasse*; J.O.

RDC (2014). *A lei de 11 de Fevereiro de 2014 sobre a conservação da natureza*; J.O.

RDC (2017). *Decreto do Primeiro Ministro que determina a lista de espécies de fauna bravia protegidas na República Democrática do Congo*, Journal officiel.

RDC (2006). *Arrêté ministériel N°020/CAB/MIN/ECN.EF/2006 portant agrément de la liste des espèces animales protégées en République Démocratique du Congo*; Journal officiel.

Robinson, J.G. e Redford, K.H. (1994). *Medir a sustentabilidade da caça nas florestas tropicais.* Oryx28, 249-256. Steel E. A., 1994. *Estudo sobre o volume e o valor do comércio de carne de animais selvagens no Gabão.* Libreville, Gabão, Ministério da Água, das Florestas e do Ambiente, WWF, 84 p.

Romero A., Timm, R.M., Gerow, K.G. e McClearn, D. (2016). *Populações de mamíferos não volantes nas florestas tropicais primárias e secundárias da América Central, tal como revelado pelos inquéritos transectoriais.* J. Mammal. 97, 331-346pp.

Rowcliffe M., Kümpel N. e Cowlishaw G. (2011). *Enfrentar a crise da carne de animais selvagens: investigação e acção na África Ocidental e Central,* ZSL.

Sampaio S., Da Silva M.N. e Cohn-Haft M. (2011). *Reavaliação da ocorrência dos kinkajou (Potos flavus* Schreber, 1774) *e olingo (Bassaricyon beddardi* Pocock, 1921) *no norte da Amazónia brasileira,* Stud. Neotrop. Fauna Environ. 46, 85-89.

Schoppe S. e Alvarado D., (2015). *Necessidades de Conservação do Palawan Pangolin Manis Culionensise Fase I.* Relatório Final Científico e Técnico para o Fundo de Conservação das Reservas da Vida Selvagem de Singapura. A Fundação Katala Incorporated, Puerto Princesa City, Palawan, Filipinas.

Soewu D.A. e Ayodele I.A. (2009). *Utilização de Pangolin (Manis spp.) na medicina Yorubic tradicional na província de Ijebu, Estado de Ogun, Nigéria*, Journal of Ethnobiology and Ethnomedicine; 5:39 doi: 10.1186/1746-4269-5-39.

Spira C., Mitamba G., Kirkby A., Katembo J., Kiyani K.C., Musikami P., Pazo, Dumbo P., Byaombe D.D., Plumptre A.J. e Maisels F. (2018). *Inventaire de la biodiversite dans le Parc National de Kahuzi-Biega République démocratique du Congo, relatório de campo WCS, ICCN e CRSN- Lwiro*, Maio, 93P.

Tahoux M. (2003). *Contribution au renforcement de la conservation des forêts sacrées en vue de la gestion durable des ressources naturelles : cas de la forêt sacrée de Zaïpobly dans le sud-ouest de la Cote d'ivoire,* C.R.E., Université d'Abodo-Adjamé (C.I.), 22 P.

UICN (2010). *Les Parcs et réserves de la République Démocratique du Congo : Evaluation de l'efficacité de la gestion des aires protégées* ; Aires Protégées RDC, pdf, 149 P ;

Vansina J. (1990). *Caminhos nas florestas tropicais: rumo a uma história de tradição política na África equatorial*. Londres, James Currey.

Vliet N.V. (2011). *Alternativas de sobrevivência para o uso insustentável da carne de animais selvagens. Relatório preparado para o CBD Bushmeat Liaison Group.* Série Técnica nº 60, Montreal, SCBD, 46 páginas.

Walsh M.T. (1996). *O sacrifício ritual dos pangolins entre os Sangues do sudoeste da Tanzânia.* Boletim do Comité Internacional de Investigação Antropológica e Etnológica Urgente, 37/38: 155-170.

Walsh M.T. (1997). *Mamíferos em Mtanga: notas sobre Ha e Bembe ethnomammalogy numa aldeia limítrofe do Parque Nacional Gombe Stream*, oeste da Tanzânia. Kigoma, Projecto de Biodiversidade do Lago Tanganica.

Waterman C., Pietersen D., Hywood L., Rankin P. e Soewu D. (2014c). *Smutsia gigantea.* A Lista Vermelha de Espécies Ameaçadas 2014 da IUCN, e.T12762A45222061.
http://dx.doi.org/10.2305/IUCN.UK.2014-2.RLTS.T12762A45222061.

Waterman C., Pietersen D., Soewu D., Hywood L. e Rankin P., (2014a). *Phataginus tetradactyla.* A Lista Vermelha de Espécies Ameaçadas 2014 da IUCN, e.T12766A4522292929.
http://dx.doi.org/10.2305/IUCN.UK.2014-2.RLTS.T12766A45222929.

Waterman C., Pietersen D., Soewu D., Hywood L. e Rankin P. (2014b). *Phataginus tricuspis.* A Lista Vermelha de Espécies Ameaçadas 2014 da IUCN, e.T12767A45223135.
http://dx.doi.org/10.2305/IUCN.UK.2014-2.RLTS.T12767A45223135.

Willcox D, Helen C. Nash H.C., Trageser S., Jeong Kim H., Hywood L., Connelly E., Ichu G., Kambale N.J., Moumbolou M. C. L., Ingram J.D. e Challender W.D. (2019). *Métodos de avaliação para a detecção e monitorização de populações de pangolins (Pholidata: Manidae)*, Global Ecology and Conservation, ELSEVIER, pdf.

Zhao Z.M., Zhou Y., Newman C. e MacDonald D.W. (2014). *Aumento da protecção dos pangolins na China Fronteiras na Ecologia e no Ambiente,* 12:97-98, http://dx.doi.org/10.1890/14.WB.001.

b) Webografia

Anónimo I (2017). *A explosão da caça ao pangolim na África Central, encorajada pelo comércio internacional*, na National Geographic, https://fr.mongabay.com/2017/09/lexplosion-de-chasse-aux-pangolins-afrique-afrique-centrale-encouragee-commerce-internatio nal/acessado a 30 de Outubro de 2018.

Arnoud C. (2017). A *caça ao Pangolim aumentou 150% na África Central,* https://www.especes-menacees.fr/actualites/chasse-pangolins-hausse-afrique-centra le/, acedido a 30 de Outubro de 2018).

Garric A. (2016). *Pangolins, os mamíferos mais escalfados do mundo, agora protegidos.* http://ecologie.blog.lemonde.fr/2016/09/29/les-pangolins-mammiferes-les-plus-bra connes-au- world-desormais-proteges, acedido a 14 de Outubro de 2017.

Gevers L. (2017). *Pangolins vítimas de uma caça impiedosa na África Central,* https://www.sciencesetavenir.fr/animaux/une-etude-revele-l-impact-de-la-chasse-su r-les- pangolins-d-afrique-centrale_114933, acedido a 5 de Novembro de 2018 às 14h00).

Jaramogi P. (2017). *Fim da estrada para o contrabando de Kingpin como redes UWA 6 toneladas de Pangolin contrabandeado na Tanzânia.* Obtido de Online News Daily; The Investigator website http://www.theinvestigatornews.com/2017/01/end-road-kingpin-smuggling-uwa-ne ts-6-tons- smuggled-pangolin-tanzania/ em 23 de Janeiro de 2018.

LAGA (Last Great Ape Organization) (2015). *Relatório Anual Janeiro - Dezembro 2015.* Camarões. Disponível a partir de: http://www.lagaenforcement.org/Resources/Activityreports.
Acesso em 09 de Maio de 2019.

Pietersen D., Waterman C., Hywood L., Rankin P. e Soewu D. (2014). *Smutsia temminckii.* A Lista Vermelha de Espécies Ameaçadas da UICN. Versão 2014.3. www.iucnredlist.org.

Trageser S.J., Ghose A , Faisal M , Mro P , Mro P. e Rahman C. S, 2017. *Pangolin distribuição e estado de conservação no Bangladesh,* PloS One, 12(4): e0175450. doi: 10.1371/
journal.pone.0175450, www.ncbi.nlm.nih.go, acedido a 12 de Junho de 2018.

Walsh M.T., 2007. *Pangolin e Política no Vale da Grande Ruaha, Símbolo da Tanzânia, Ritual e Diferença,* pdf, https://www.researchgate.net/publication/272202381.

Vliet N.V., Liliana, V. e François, S., 2015. *Diagnóstico aprofundado para a implementação da gestão comunitária da caça na aldeia: Guia prático e exemplos de aplicação na África Central. Documento de trabalho 183. Bogor, Indonésia: CIFOR,*
www.pangolinconservation.org, acedido em 28 de Outubro de 2018 às 15:00.

Printed by Books on Demand GmbH, Norderstedt / Germany